BEI GRIN MACHT SICH IHR WISSEN BEZAHLT

AF130559

- Wir veröffentlichen Ihre Hausarbeit,
  Bachelor- und Masterarbeit

- Ihr eigenes eBook und Buch -
  weltweit in allen wichtigen Shops

- Verdienen Sie an jedem Verkauf

**Jetzt bei www.GRIN.com hochladen
und kostenlos publizieren**

Anwendung von hypervalenten Iodverbindungen in elektrophilen Trifluormethylierungen

Marike Grave

Bibliografische Information der Deutschen Nationalbibliothek:

Die Deutsche Nationalbibliothek verzeichnet diese Publikation in der Deutschen Nationalbibliografie; detaillierte bibliografische Daten sind im Internet über http://dnb.d-nb.de abrufbar.

ISBN: 9783346378293
Dieses Buch ist auch als E-Book erhältlich.

Druck und Bindung: Books on Demand GmbH, Norderstedt Germany
Gedruckt auf säurefreiem Papier aus verantwortungsvollen Quellen

Das vorliegende Werk wurde sorgfältig erarbeitet. Dennoch übernehmen Autoren und Verlag für die Richtigkeit von Angaben, Hinweisen, Links und Ratschlägen sowie eventuelle Druckfehler keine Haftung.

Das Buch bei GRIN: https://www.grin.com/document/1002325

Westfälische Wilhelms-Universität Münster

Anwendung von hypervalenten Iodverbindungen in elektrophilen Trifluormethylierungen

Application of hypervalent iodine reagents in electrophilic trifluoromethylation reactions

Hausarbeit

Modul: Chemie in der Forschung und Praxis

Vorgelegt von: Marike Grave

Studiengang: MEd Gym/Ges

Sommersemester 2020

Inhaltsverzeichnis

1   Einleitung 1

2   Allgemeine Einführung 2

   2.1   Eigenschaften der CF$_3$-Gruppe 2

   2.2   Methoden zur Einführung von CF$_3$-Gruppen 4

   2.3   Verwendung von CF$_3$-Gruppen 7

3   Hypervalente I-CF$_3$-Reagenzien 8

   3.1   Allgemeines zu hypervalenten Iodverbindungen 8

   3.2   Hypervalente Iodverbindungen als CF$_3$-Transferreagenzien 10

   3.3   Synthese der beiden Togni-Reagenzien 13

   3.4   Aktivierung 16

4   Anwendungen in der organischen Synthese 18

   4.1   Reaktionen mit Heteroatomen 18

      4.1.1   Schwefel-Nukleophile 18

      4.1.2   Phosphor-Nukleophile 20

      4.1.3   Weitere Nukleophile 21

      4.2   Reaktionen mit Kohlenstoffnukleophilen 21

5   Fazit 24

6   Literatur 26

1 Einleitung

Das am häufigsten vorkommende Halogen in der Erdkruste ist Fluor. Man findet es hauptsächlich in Form seiner schwerlöslichen Minerale vor: dem Fluorapatit ($Ca_5(PO_4)_3F$), Flussspat (CaF_2) und Kryolith (Na_3AlF_6). Es konnten bislang über 4500 halogenhaltige Naturstoffe isoliert werden, von denen aber lediglich 13 natürlich vorkommende Fluorverbindungen sind. Trotz des geringen natürlichen Vorkommens kommen wir täglich mit fluorierten Verbindungen in Berührung. Man kann sie nicht nur in Kunststoffen wie Teflon oder Gore-Tex finden, sondern auch in Löschmitteln, Tensiden oder Membranen. Eine stetig steigende Wichtigkeit nehmen sie außerdem in pharmazeutischen Produkten und in der Agrochemie ein, wo sie immer öfters als fluorhaltige bioaktive Verbindungen genutzt werden [1].

Aufgrund der zunehmenden Bedeutung fluorierter Verbindungen, befasst sich diese Hausarbeit mit der Trifluormethylierung von Molekülen, also mit der Übertragung einer Trifluormethylgruppe auf andere Substrate. Die CF_3-Einheit ist eine funktionelle Gruppe, dessen Name sich von einer Methyl-Gruppe ableitet, indem jedes Wasserstoff-Atom durch ein Fluor-Atom ersetzt wird. Verbindungen, die diese Gruppe in sich tragen, gehören zu der Unterklasse der Organofluorine. Trifluormethylierungsreaktionen sind für die organische Synthese die prototypische und relevanteste Perfluoralkylierungsreaktion. Das Interesse an Trifluormethylierungen von organischen Molekülen durch Übertragung einer intakten CF_3-Gruppe hält schon länger an – erste Untersuchungen wurden in den 90er Jahren veröffentlicht. Die bereits bekannten Ergebnisse wurden bzw. werden in diesem Jahrhundert immer weiter spezifiziert. Eine neuere Entwicklung befasst sich in diesem Zusammenhang mit hypervalenten Iodverbindungen als Transferreagenzien für die CF_3-Gruppen [2]. Aus diesem Grund wurde das Thema auf die Anwendung eben dieser hypervalenter Iodverbindungen in elektrophilen Trifluormethylierungen spezifiziert.

Im Rahmen dieser Arbeit wird der bisherige Forschungsstand zu der Verwendung hypervalenter Iodverbindungen im Zusammenhang mit elektrophilen Trifluormethylierungen vorgestellt. Das Ziel der Arbeit ist es, in einem ersten Schritt den Leser zunächst in dieses spezielle Thema einzuführen und anhand des aktuellen Forschungsstandes einen umfassenden Überblick über dieses zu liefern.

Zu Beginn wird als Basis für die Arbeit eine allgemeine Einführung in das Thema vorangestellt. So werden zuerst die besonderen Eigenschaften des Fluors bzw. der CF_3-Gruppe und die damit verbundenen Effekte vorgestellt, gefolgt von drei verschiedenen Methoden zur Einführung der CF_3-Gruppe: die Fluorierungsmethode, die Bausteinmethode und die direkte

1

Trifluormethylierung. Zusätzlich wird erläutert, warum trifluormethylierte Substanzen so wichtig für die Pharmazeutik und die Agrochemie sind und dazu Beispiele angeführt. Es folgt Punkt drei, der sich mit hypervalenten I-CF$_3$-Reagenzien beschäftigt. Dazu wird erneut mit allgemeinen Fakten zu hypervalenten Iodverbindungen begonnen, dann wird auf ihre Funktion als CF$_3$-Transferreagenz eingegangen und im Zusammenhang damit, die beiden Togni-Reagenzien I und II näher präsentiert. Passend dazu wird die Entwicklung der beiden Synthesewege der Togni-Reagenzien vorgestellt und die Mittel zur Aktivierung der Substanzen beschrieben. Anschließend wird unter Punkt vier auf die Möglichkeiten für eine Anwendung in der organischen Chemie eingegangen und diesbezüglich werden einige beispielhafte Reaktionen mit Heteroatomen, besonders mit Schwefel- und Phosphor-Nukleophilen, und Kohlenstoff-Nukleophilen erklärt. Am Ende der Arbeit wird ein Fazit gezogen.

2 Allgemeine Einführung

2.1 Eigenschaften der CF$_3$-Gruppe

Fluor als Element und seine Eigenschaften werden maßgeblich durch seine Position im Periodensystem beeinflusst. Denn diese bestimmt sowohl den Atomradius, die Elektronegativität und demnach auch die relative Bindungsstärke. Schaut man sich die physikalischen Werte des Fluors genauer an, können drei Aussagen getroffen werden: Zuallererst hat das Fluoratom nach dem Wasserstoffatom den kleinsten van-der-Waals-Radius. Dabei kann ein Vergleich zum Sauerstoff gezogen werden, dass ähnliche Werte beim Radius und der Bindungslänge zu Kohlenstoff zeigt. Als zweites kann festgestellt werden, dass Fluor die höchste Elektronegativität (nach Pauling) aufweist. Dadurch wird die C-F-Bindung stark polarisiert und erlangt so einen eher ionischen anstelle eines kovalenten Charakters. Außerdem präsentiert die Bindung zwischen einem Fluor- und Kohlenstoff-Atom die stärkste Einfachbindung von Kohlenstoff zu einem anderen Element.

Diese Eigenschaften des Fluors bewirken verschiedene Effekte. Dazu zählen auch elektronische Effekte. Die CF$_3$-Gruppen üben wegen ihrer hohen Elektronegativität in den fluorierten Substanzen einen induktiven Effekt aus. Der Fluorsubstituent fungiert sowohl als σ-Akzeptor, als auch wegen seiner nichtbindenden Elektronenpaare als π-Donor. So ist er in der Lage zur Stabilisierung von Carbokationen in α-Position. Im Gegensatz dazu werden Carbanionen in α-Position aufgrund der p-n-Abstoßung destabilisiert (Abb. 1).

2

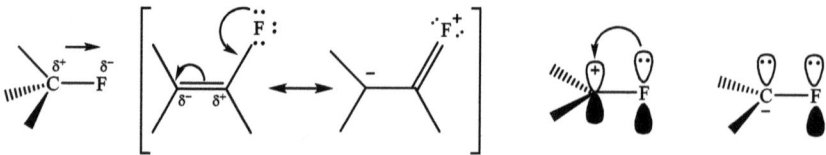

Abb. 1: Elektronische Effekte von Fluorsubstituenten

Die CF$_3$-Einheit hat sowohl an C(sp^3)- wie auch an C(sp^2)-Zentren einen elektronenziehenden Effekt. Dadurch werden die benachbarten Kationen destabilisiert und dementsprechend die Anionen stabilisiert. Eine nukleophile Substitution am benachbarten Kohlenstoff-Atom wird von einer CF$_3$-Einheit allerdings beeinträchtigt. Denn der Übergangszustand wird durch die elektrostatische Wechselwirkung zwischen dem Nukleophil und den freien Elektronenpaaren der Fluoratome destabilisiert. Die CF$_3$-Gruppe besitzt π-Akzeptor-Eigenschaften. Diese resultieren aus den tiefliegenden σ^*_{C-F}-Orbitalen und der sich daraus ergebenen negativen Hyperkonjugation zu p- oder π-Orbitalen (Abbildung 2) [3].

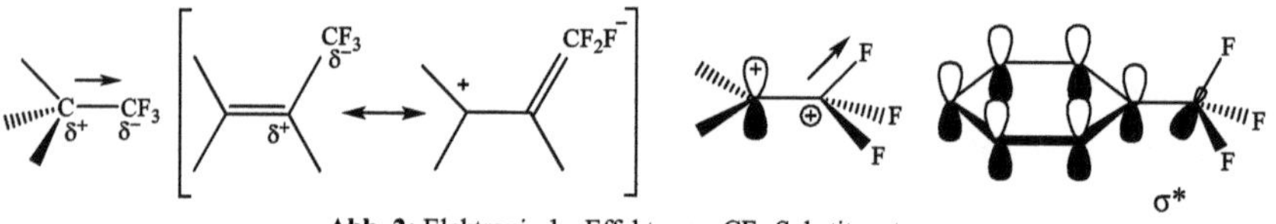

Abb. 2: Elektronische Effekte von CF$_3$-Substituenten

Wegen seiner induktiven Eigenschaft verbessert ein CF$_3$-Substituent die Stabilität aromatischer Verbindungen hinsichtlich einer Oxidation. Außerdem nimmt der elektronenziehende Effekt Einfluss auf die Basizität und Acidität der benachbarten funktionellen Gruppen. Anders als sonstige elektronenziehende Substituenten ist die Trifluormethylgruppe aber inert gegenüber nukleophilen Angriffen [4].

Die hohe Polarisierung der Kohlenstoff-Fluor-Bindung und die verfügbaren freien Elektronenpaare des Fluoratoms lassen vermuten, dass Fluor ein guter Akzeptor für Wasserstoffbrückenbindungen ist. Anhand der geringen berechneten Energie für eine solche Wasserstoffbrückenbindung kann man aber festmachen, dass das nicht der Fall ist. Über Fluorsubstituenten und ihre Fähigkeit, Wasserstoffbrücken auszubilden, ist man sich bis heute nicht einig – wenn, dann sollte man in diesen Fällen von einer schwachen polaren Wechselwirkung ausgehen. Fest steht aber, dass die Substituenten aufgrund des induktiven Effekts die Bildung von Wasserstoffbrücken durch die benachbarten Gruppen prägen [5].

Ein weiterer Effekt, der aus den Eigenschaften des Fluors hervorgeht bzw. selbst eine wichtige Eigenschaft bioaktiver Verbindungen ist, ist die Lipophilie. Sie bestimmt beispielsweise die

Absorption, den Transport oder auch die Bindung zum Rezeptor und somit die biologische Verfügbarkeit und das pharmakokinetische Verhalten der Substanzen [1]. Mithilfe von bestimmten Konstanten kann gezeigt werden, dass CF_3- und generell fluorierte Substituenten in Konjugation zu einem π-System die Lipophilie erhöhen [6]. Entgegengesetzt dazu führen Fluor-Atome in aliphatischen Verbindungen zu einer Erhöhung deren Hydrophobie, da die Kohlenstoffgerüste schlecht polarisiert werden können. Hochfluorierte Substanzen sind weder besonders lipophil, noch hydrophob – diese beiden Eigenschaften werden nicht synonym verwendet -, sodass sie sich weder in der organischen noch wässrigen Phasen lösen und so eine eigene Phase entwickeln [7].

2.2 Methoden zur Einführung von CF_3-Gruppen

Um die vielseitigen Anwendungsmöglichkeiten trifluormethylierter Verbindung nutzen zu können, muss die CF_3-Gruppe zuerst einmal in die entsprechenden Moleküle eingeführt werden. Es gibt verschiedene Methoden, CF_3-haltige Verbindungen herzustellen: die Fluorierungsmethode, die Bausteinmethode und die direkte Trifluormethylierung, bei der mit Reagenzien gearbeitet wird, die eine CF_3-Gruppe transferieren können. Diese drei Strategien sollen folgend kurz vorgestellt werden.

Bei der Fluorierungsmethode werden mithilfe von Fluorierungsreagenzien wie beispielsweise elementarem Fluor oder Fluorwasserstoff funktionelle Gruppen wie z.B. Carboxy- oder Trichlormethyl-Gruppen in eine CF_3-Gruppe umgewandelt [8]. Diese Methode wird vorwiegend für die Industrie genutzt, um Starmaterialien oder auch fluorierte Substanzen herzustellen. Der Grund hierfür ist, dass die Fluorierung eher ungünstig für die Durchführung im Labor ist, da für die gefährlichen und toxischen Reagenzien, die für diese Methode notwendig sind, spezielle Apparaturen notwendig sind und sie zusätzlich nicht sehr kompatibel mit anderen funktionellen Gruppen sind [9].

Die zweite genannte Methode ist die Bausteinmethode. Diese ist ein weiterer indirekter Weg, bei dem bereits fluorierte Bausteine genutzt werden, um eine CF_3-Gruppe in ein Molekül einzubauen. Zu diesen Bausteinen gehören z.B. Trifluoressigsäure, aber auch viele aromatische CF_3-Bausteine, die sogar kommerziell erhältlich sind, werden genutzt [10]. Aufgrund dieser guten Verfügbarkeit ist diese Methode sehr beliebt und liefert für beispielsweise die asymmetrische Synthese von Verbindungen mit einer CF_3-Gruppe am stereogenen Zentrum die günstigste Herstellungsmöglichkeit. Die fluorierten Bausteine müssen allerdings häufig zu Beginn der Synthese eingeführt werden, da sie sich aufgrund des Fluoreffekts im Vergleich zu nicht fluorierten Substanzen hinsichtlich ihrer Reaktivität und Selektivität anders verhalten [11].

4

Aus diesem Grund ist es eigentlich günstiger, wenn die CF₃-Einheit möglichst spät und auch auf direktem Weg in die entsprechende Substanz eingeführt wird. Für diesen direkten Einbau gibt es die Möglichkeit der nukleophilen, radikalischen und auch elektrophilen Trifluormethylierung. Folgend wird anhand zwei konkreter Beispiele – dem Ruppert-Prakash-Reagenz und dem Umemoto-Reagenz - näher auf die nukleophile und elektrophile Trifluormethylierung eingegangen.

Die am öftesten genutzte Variante ist inzwischen die nukleophile Trifluormethylierung. Zurückzuführen ist das vor allem auf das Ruppert-Prakash-Reagenz (TMS-CF₃), das für die elektrophile Übertragung der Trifluormethylgruppe das wohl beliebteste Reagenz ist, da es einfach handzuhaben ist und vielfältig angewendet werden kann. 1984 stellte Ruppert es in einer Dreikomponenten-Reaktion wie in Abbildung 3 dargestellt her [12].

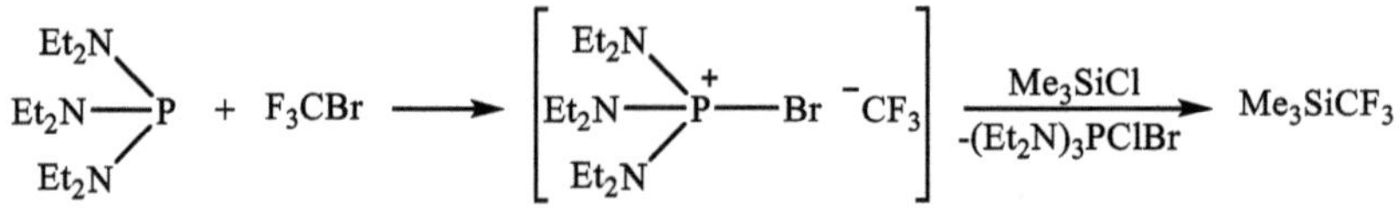

Abb. 3: Synthese von TMS-CF₃

Prakash war es dann, der einige Jahre später das Potential als Trifluormethylierungsmittel erkannte und nähere Untersuchungen dazu unternahm. Für den Start einer Trifluormethylierung mit TMS-CF₃ braucht man einen nukleophilen Initiator, für den gewöhnlicherweise eine F⁻-Quelle wie TBAF (oder andere Lewis-Basen) nutzt. Zusammen mit dem TMS-CF₃ bildet das Fluorid einen pentakoordinierten Silizium-Komplex. Es kann also kein freies CF₃⁻ beobachtet werden. Eine labile σ-Bindung zum Silizium stabilisiert die negative Ladung.

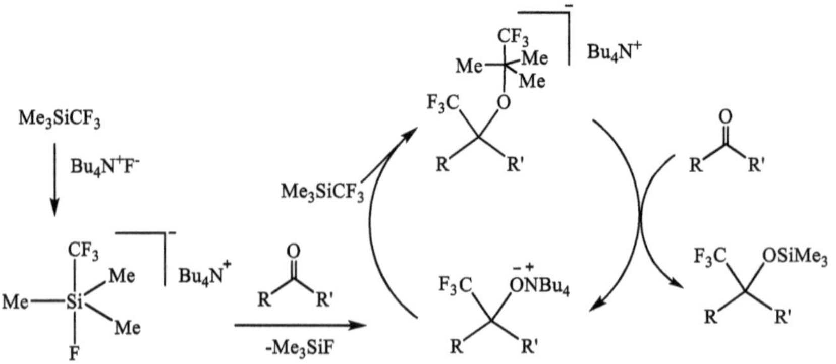

Abb. 4: Mechanismusvorschlag zur Trifluormethylierung mit TMS-CF₃

5

Anschließend wird die CF$_3$-Einheit auf das Elektrophil übertragen. Beispielhaft wird in Abbildung 4 als Elektrophil ein Keton verwendet und es entsteht ein Alkoholat, das durch das Ammoniumkation stabilisiert wird. Das Alkoholat schließt die Kettenreaktion, indem es ein weiteres TMS-CF$_3$-Molekül aktiviert. So wird mithilfe von katalytischen Mengen an Initiator ein trifluormethylierter Silylether gebildet. Diese Methode ist sehr vielseitig, weil auch zahlreiche andere Ketone und Aldehyde, Ester, Lactone, Imide, Nitrone usw. mit dem Ruppert-Prakash-Reagenz reagieren. Als Lösungsmittel werden meistens THF oder DMF verwendet. Vor allem für weniger elektrophile Substrate ist das passende Lösungsmittel in Kombination mit dem richtigen Initiator ausschlaggebend [7]. Die Trifluormethylierung mithilfe von TMS-CF$_3$ ist allerdings auch nicht ganz frei von Kritik. Um das Ruppert-Prakash-Reagenz zu synthetisieren ist nämlich Bromtrifluormethan, auch als Halon1301 bekannt, nötig. Dieses schädigt die Ozonschicht ist deshalb mittlerweile nicht mehr erlaubt. Aus diesem Grund hat Prakash zusätzlich einen anderen Weg entwickelt, mit dem CF$_3$Br als Ausgangsverbindung vermieden werden kann. Er griff auf Phenyltrifluormethylsulfide bzw. -sulfoxide zurück, die für eine Reaktion mit TMS-Cl die CF$_3^-$-Einheit liefern und so das gewollte TMS-CF$_3$ bilden [13].

Mithilfe des Ruppert-Prakash-Reagenz können demnach Elektrophile erfolgreich trifluormethyliert werden. Mit Blick auf Nukleophile als Substrate ist dies allerdings nicht so einfach. Denn für eine solche Trifluormethylierung sind elektrophile Reagenzien notwendig, die CF$_3^+$-Ionen transferieren können, und diese können nur in der Gasphase erzeugt werden. In elektrophilen Trifluormethylierung besitzen die CF$_3$-Substanzen aus diesem Grund nur einen positiven Charakter, der abhängt von einem elektronenziehenden Substituenten und dessen Polarisierung. Die Polarisierung nimmt dann sowohl Einfluss auf die „Härte" des CF$_3$-Fragments als (wahrscheinlich) auch auf den Reaktionsmechanismus, genauer der nukleophilen Substitution und dem SET [7].

Für die elektrophile Trifluormethylierung wurden zahlreiche Reagenzien entwickelt, die mit verschiedenen Nukleophilen zu den entsprechenden trifluormethylierten Verbindungen umgesetzt werden können. Dazu zählen auch verschiedene heterocyclische S-, Se-, und Te-(Trifluormethyl)dibenzothio-, -seleno- und tellurophenium-Salze, die Umemoto am Anfang der 90er Jahre herstellte. Diese S-(Trifluormethyl)dibenzothiophenium-Salze werden ausgehend von Trifluormethylthioether synthetisiert, der anschließend mit m-CPBA zum Sulfoxid oxidiert wird. Der Ring wird durch die Addition von Tf$_2$O über eine elektrophile aromatische Substitution geschlossen. In einem alternativen Weg wird aus dem Thioether direkt durch eine Fluorierung und Säureaktivierung die cyclische Verbindung in guten Ausbeuten gewonnen. Die Selen-Salze werden analog hergestellt. Die Selenophenium-Salze weisen im Vergleich zu den

Thiophenium-Salzen aber generell eine geringere Reaktivität gegenüber Nukleophilen auf. Außerdem nimmt der Substituent am Ring wie folgt Einfluss auf die Reaktivität: Alkyl < H < NO_2. Auch die Tellurophenium-Salze werden auf ähnliche Art und Weise hergestellt, aber mit dem Unterschied, dass für den Ringschluss andere Reagenzien für die Bildung eines entsprechenden Tellurether verwendet werden. Die Reaktivität der Tellurphenium-Salze ist noch geringer als die der Selenophenium-Salze. Ungünstig an der Trifluormethylierung mithilfe der Umemoto-Reagenzien ist, dass die Substrate als entsprechende Metall-Salze oder stöchiometrische Mengen an einer Base vorliegen müssen, dass die Reagenzien schlecht löslich sind und dass sie ferner keine Rezyklierung zulassen [7].

Die oben genannten Reagenzien können nur für die elektrophile Trifluormethylierung weicher Nukleophile eingesetzt werden, also nicht für harte O- oder N-Nukleophile. Aber auch hierfür entwickelte Umemoto ein passendes Reagenz, das die CF_3-Einheit erfolgreich auch auf harte Nukleophile transferieren kann: O-(Trifluormethyl)dibenzofuranium-Salze. Werden diese in situ synthetisiert und verwendet, kann eine Trifluormethylierung sowohl mit Alkoholen als auch mit Aminen in guten Ausbeuten durchgeführt werden. Die Salze sind allerdings nur bei tiefen Temperaturen unter -70 °C stabil und zudem benötigt man für ihre Herstellung bereits einen Trifluormethylether. Bislang ist dies aber trotzdem der einzige veröffentlichte Weg, harte nukleophile Substrate zu trifluormethylieren [7].

2.3 Verwendung von CF_3-Gruppen

In den letzten Jahren ist das Interesse an neuen Reagenzien und Methoden für die direkte Trifluormethylierung vieler organischer Substrate gestiegen. Der Grund hierfür sind die besonderen Eigenschaften der Trifluormethylgruppe, die in Pharmazeutika, Pflanzenschutzmitteln und funktionellen Materialien Anwendung finden. Bereits 1957 wurde der erste fluorhaltige Arzneistoff entwickelt. In der Zwischenzeit ist die Zahl auf ungefähr 150 fluorierte Medikamente gestiegen. In 20 bis 25% der neuentwickelten pharmazeutischen Produkte findet man Fluor, in denen der Agrochemie sind es sogar 30% [14]. Dabei sind die bioaktiven Wirkstoffe in den meisten Fällen allerdings monofluorierte Verbindungen und keine Reagenzien mit CF_3-Substituent. Im Gegensatz dazu sind in Pflanzenschutzmitteln, vor allem in Insektiziden und Herbiziden, die CF_3-Gruppen öfter enthalten.

Das trifluormethylierte Substanzen für die Pharmazie so interessant sind, liegt an ihrer guten Bioverfügbarkeit. Lösen CF_3-Gruppen andere labile funktionelle Gruppen ab, können sie deren ursprüngliche chemisch-physikalischen Eigenschaften nachahmen, aufgrund der elektronischen Effekte werden die fluorierten Wirkstoffe aber verhältnismäßig stabilisiert, was folglich auch die metabolische Stabilität verbessert. Berücksichtigt man nun noch die gesteigerte Lipophilie, die ein besseres Transportverhalten bewirkt, wirkt sich das günstig auf die Bioverfügbarkeit aus. Was auf den ersten Blick positiv erscheint, kann allerdings auch dazu führen, dass die fluorierten Medikamente in vivo nicht umgesetzt werden und unverändert wieder ausgeschieden werden. Dadurch gelangen sie übers Abwasser in die Umwelt, wo sie ebenfalls nicht komplett beseitigt werden können. So reichern sich die immer noch biologisch aktiven Verbindungen an und es kommt zu einer Bioakkumulation. Das Psychopharmakum Prozac ist ein Beispiel für ein solches „Umweltrisiko" ausgelöst von trifluormethylierten Substanzen.

Ein Beispiel aus der Agrochemie ist das Breitband-Insektizid Fipronil. Es hilft bei der Bekämpfung von zahlreichen Boden- und Blattinsekten und zudem im veterinärmedizinischen Bereich gegen Flöhe und Zecken bei Hunden und Katzen. Die Wirkung beruht auf einem SCF₃-Fragment innerhalb der Verbindung, das in der Lage zur Inhibition eines Neurotransmitter-Rezeptors ist [7].

3 Hypervalente I-CF₃-Reagenzien

3.1 Allgemeines zu hypervalenten Iodverbindungen

In der organischen Chemie wird oft mit hypervalenten Iodverbindungen gearbeitet. Unter diese Verbindungsklasse fallen unter anderem Iod(III)-Verbindungen, zu denen Iodosylarene ArIO, acyclische ArIL₂-Verbindungen, fünfgliedrige I-Heterocyclen, Idonium-Salze R₂I⁺X⁻ und Iodonium-Ylide (Abb. 5) zählen. Gemäß der IUPAC-Nomenklatur werden solche Iod(III)-Verbindungen auch λ^3-Iodane genannt. Eine andere Möglichkeit für die Benennung ist die Kurzschreibweise N-X-L nach Martin, in der das N für die Anzahl der Valenzelektronen am Zentralatom X und das L für die Anzahl der Liganden steht [15]. Für die Verbindung ArICl₂ würde man dementsprechend 10-I-3-Verbidung schreiben.

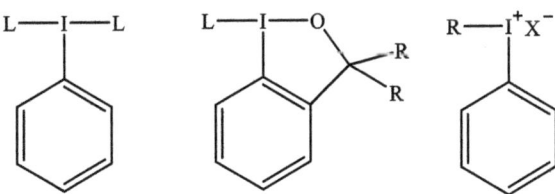

Abb. 5: Beispiele für λ^3-Iodane

In „normalen" organischen Iodverbindungen hat das Iodatom die Oxidationszahl -1. In hypervalenten Iodverbindungen hingegen nimmt es diese nicht ein, sondern bildet im

Zusammenhang mit seiner Größe, Polarisierbarkeit und seinem eher elektropositiven Charakter im Vergleich zu den anderen Halogenen polykoordinierte, multivalente Verbindungen aus. In hypervalenten Iodverbindungen sind Oxidationszahlen von +III und +V möglich [2].

Betrachtet man die Struktur hypervalenter Bindungen kann diese als Dreizentren-Vierelektronenbindung (3c-4e) ohne d-Orbitalbeteiligung bezeichnet werden. Dabei kann eine lineare Bindung beobachtet werden, die auf ein doppelt besetztes 5p-Orbital des Iods und einem je einfach besetzten Orbital der zwei Liganden zurückzuführen ist. Dementsprechend besetzen die vier Valenzelektronen das bindende und nichtbindende Molekülorbital. Das verursacht, dass sich die L-I-L-Bindung aufweitet. Über eine kovalente 2c-2e-Bindung zu einem $5sp^2$-Hybridorbital wird die Aryl-Gruppe gebunden. Übersichtlich dargestellt ist das Ganze in Abbildung 6. Diesem Modell entsprechend und unter Berücksichtigung des VSEPR-Modells kann bei Aryl-λ^3-Iodanen eine pseudotrigonal-bipyramidale Geometrie festgestellt werden. Die T-förmige Struktur entsteht dadurch, dass die Arylgruppen und die beiden freien Elektronenpaare die äquatorialen und die elektronenziehenden Liganden die apikalen Positionen besetzen.

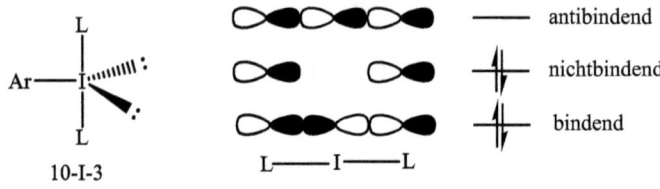

Abb. 6: 3c-4e-σ-Bindung

Über eine Oxidation von Iod(I) und eine Addition passender Liganden, die dann eine 3c-4e-Bindung ausbilden, können hypervalente Iod(III)-Verbindungen (und auch Iod(V)-Verbindungen) synthetisiert werden. Danach zeigen sie zum Teil Eigenschaften, die Metallen ähnlich sind, was sich darin beobachten lässt, dass sie beispielsweise an Ligandenaustauschreaktionen und reduktiven Eliminierungen teilnehmen können. Liganden können mithilfe einer Addition, die direkt von einer Eliminierung gefolgt wird, ausgetauscht werden. Da das Iodatom eine positive Partialladung besitzt, kann es mit Nukleophilen über das C-I- σ*-Orbital reagieren. Auf diesem Weg wird ein tetrakoordiniertes, quadratisch-planares 12-I-4-Intermediat hergestellt. Es folgt eine Isomerisierung der trans- zu einer cis-Anordnung, auf dessen Grundlage dann der Ligand eliminiert werden kann (Abb. 7).

9

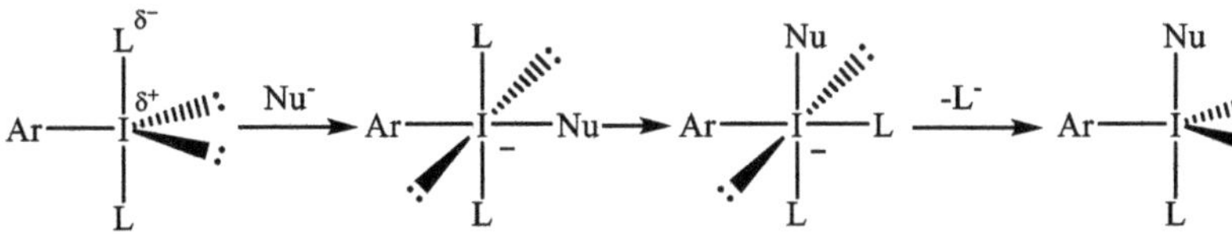

$$\underset{L}{\overset{L}{\underset{\text{Ar}\underset{|}{\overset{|}{\text{I}}}}{}}}\xrightarrow{Nu^-}\cdots\xrightarrow{-L^-}\cdots$$

Abb. 7: Ligandenaustausch am hypervalenten Iodzentrum

Für eine reduktive Eliminierung gibt es verschiedene Möglichkeiten, denen allen gleich ist, dass das hypervalente Iodatom zu Iod(I) reduziert wird. Dabei kann sie dissoziativ, also S_N1-artig ablaufen, oder aber mit Hilfe eines Nukleophils assoziativ, also S_N2-artig. Denkbar ist zudem, dass die hypervalenten Iodverbindungen α- oder β-Eliminierungen eingehen. Auf diese Weise sind einige hypervalente Iod(III)-Verbindungen fähig dazu, ihre Liganden auf andere Moleküle zu übertragen. Deshalb werden sie auch Transferreagenzien genannt. So gibt es beispielsweise cyclische Azido-λ^3-Iodane bzw. Cyano-λ^3-Iodane, die ihre Azid- bzw. Cyanidgruppe über einen radikalischen Mechanismus direkt auf andere Substrate übertragen können [7].

3.2 Hypervalente Iodverbindungen als CF₃-Transferreagenzien

Wie Kapitel 2.2 gezeigt hat, ist die Auswahl an elektrophilen Trifluormethylierungsreagenzien eher begrenzt. Deshalb wurden in diesem Bereich Forschungen unternommen, sodass in den letzten Jahren immer wieder neue Ergebnisse veröffentlicht werden konnten. Zu diesen gehören zwei spezielle hypervalenten Iodverbindungen, von denen die Laborgruppe rund um Prof. Dr. Antonio Togni 2006 das erste Mal berichtete: dem 1,3-Dihydro-3,3-dimethyl-1-(trifluorme-thyl)-1,2-benziodoxol (Abb. 8) und dem 1-(Trifluormethyl)-1,2-benziodoxol-3(1H)-on (Abb. 9). Demnach sind die beiden Verbindungen auch als Togni-Reagenzien I und II bekannt.

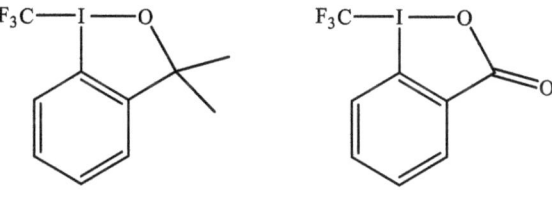

Abb. 8: Togni-Reagenz I   **Abb. 9:** Togni-Reagenz II

Sie sind sehr wirksame und vielseitige Reagenzien und können für Trifluormethylierungsreaktionen vieler verschiedener Substrate genutzt werden. Im Laufe der letzten Jahre haben sie immer mehr die Aufmerksamkeit von Forschungsgruppen weltweit auf sich gezogen, vor allem in den Bereichen der Organofluorchemie und der homogenen Katalyse mit Blick auf die Entwicklung neuer synthetischer Methoden.

Die Herstellung der beiden Togni-Reagenzien ist sehr einfach und leicht durchzuführen, da auf bereits verfügbare Ausgangsmaterialien zurückgegriffen werden kann. Aufgrund der guten Verfügbarkeit konnten in den vergangenen Jahren viele neue Reaktionen und Verbindungen entdeckt werden [2]. Sie haben im Vergleich zu beispielsweise den Umemoto-Reagenzien den Vorteil, dass der bei dem CF_3-Transfer entstehende Iodalkohol bzw. die Iodsäure zurückgewonnen werden können. So können diese beiden Reagenzien recycelt werden, denn sie stellen die Ausgangsverbindungen für die Herstellung der beiden CF_3-Reagenzien (Abb. 10) [7].

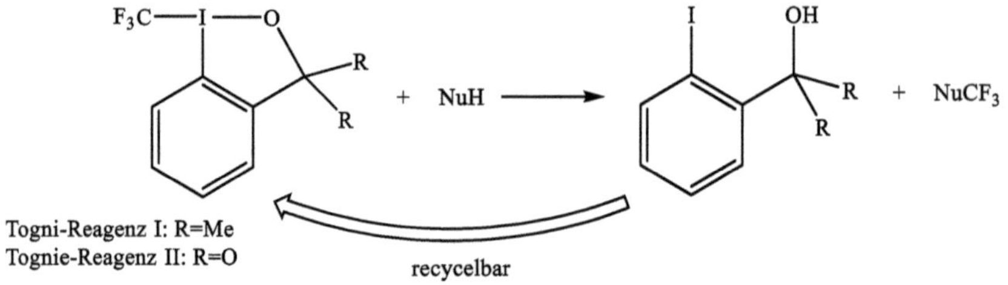

Togni-Reagenz I: R=Me
Tognie-Reagenz II: R=O

recycelbar

Abb. 10: Elektrophile Trifluormethylierung mit den beiden Togni-Reagenzien

Das Togni-Reagenz I hat die Fähigkeit, elektrophil eine CF_3-Einheit auf viele verschiedene Substrate und Funktionalitäten zu übertragen, einschließlich auf C-C-Doppelbindungen und C-H-Bindungen in Kohlenwasserstoffen als auch Atome, die Ionenpaare enthalten wie Sulfid und primäre und sekundäre Alkohole. Dieses elektrophile CF_3-Transfermittel wird für die meisten Trifluormethylierungsreaktionen genutzt und löst so die Umemoto-Reagenzien ab, da es eine hohe substratinduzierte Selektivität, Spezifität, eine hohe Reaktivität unter milden Bedingungen - bei 0–25 ° C und neutralem pH-Wert – zeigt und auch auf säure- oder basenempfindliche Substrate angewendet werden kann. Es ist einfach in der Handhabung und kann sogar für kurze Zeit feuchter Luft ausgesetzt werden, ohne dass es erkennbare Veränderung zeigt. Es sollte allerdings kühl gelagert werden, da es sich ansonsten über Wochen bei Raumtemperatur zersetzt. Das Togni-Reagenz I kann ausgehend von Iodbenzoesäure in wenigen Schritten leicht hergestellt werden und ist daher gut verfügbar. Im Vergleich zum Togni-Reagenz II ist es in organischen Lösungsmitteln besser löslich [16].

(Trifluormethyl)-1,2-benziodoxol-3(1H)-on ist auch als Togni-Reagenz II bekannt. Genau wie das Togni-Reagenz I wird es in der organischen Synthese zur direkten elektrophilen Trifluormethylierung verwendet. Die Verbindung ist ein farbloser, kristalliner Feststoff und liegt in einer monoklinen Kristallstruktur vor. Als reine Verbindung ist das Togni-Reagenz II bei

Raumtemperatur über Monate thermisch stabil. Wird der Schmelzpunkt allerdings überschritten setzt eine heftige stark exotherme Zersetzung ein, bei der gasförmiges Trifluoridmethan freigesetzt wird. Demnach muss es als explosionsgefährlicher Stoff eingestuft werden. Zudem reagiert es sowohl mit Säuren als auch mit Basen heftig. Seine Synthese besteht aus einem dreistufigen Verfahren und wird im nächsten Kapitel genauer erläutert [17].

Beide Reagenzien sind unter den typischen Labor- und Reaktionsbedingungen lager- bzw. luftstabile kristalline Feststoffe und nicht explosiv. Das Erwärmen der Reagenzien, insbesondere als Feststoffe, auf erhöhte Temperatur führt allerdings zu einer gewaltsamen Zersetzung der Verbindungen. In diesem Zusammenhang muss stetig beachtet werden, dass hypervalente Iodverbindungen generell energetische Materialien sind und sich somit exotherm zersetzen können. Daher müssen die beiden Togni-Reagenzien mit Vorsicht behandelt werden und bei der Arbeit mit ihnen über entsprechende Sicherheitsmaßnahmen nachgedacht werden.

Anhand von Studien zur Cyclovoltammetrie wird für das Togni-Reagenz I im Vergleich zum Togni-Reagenz II ein niedrigeres Reduktionspotential festgestellt, was zeigt, dass diese Verbindung weniger anfällig ist für eine Ein-Elektronen-Reduktion und damit auch weniger anfällig, CF_3-Radikale zu erzeugen. Generell zeigt sich, dass hypervalente auf Iod basierende Trifluormethylierungsreagenzien eher langsamer CF_3-Radikale bilden als andere Trifluormethylquellen.

Aufgrund der kristallinen Natur der Togni-Reagenzien können die Strukturmerkmale beider Verbindungen durch Röntgenkristallographie analysiert werden. Diese Analysen zeigen eine für die Togni-Reagenzien typische verzerrte T-Form um das Iod herum, die sich aus einer pseudotrigonalbipyramidalen Geometrie ergibt, in der die beiden Elektronenpaare am Iod eine äquatoriale Position einnehmen. Diese Position ist auf die gegenseitige Abstoßung der Elektronenpaare zurückzuführen, die wie bereits unter Punkt 3.1 erklärt mithilfe des VSEPR-Modells für alle 10-I-3-Verbindungen vorhergesagt werden kann. Tatsächlich beträgt der für das Togni-Reagenz I gemessene Bindungswinkel C8-I-O1 ungefähr 170°, was deutlich kleiner ist als 180°. Die Quasi-Linearität der C8-i-O1-Bindung stellt eine 3c-4e-Bindung dar. Das bedeutet, dass vier Elektronen an der hypervalenten bindenden Wechselwirkung der drei Atome beteiligt sind. Auch die anderen beiden Bindungswinkel bestätigen die Vorstellung einer verzerrten T-Form, die von einem exakten 90° Winkel abweicht. Wichtig ist demnach, daran zu denken, dass die Bindungswinkel um das Iod bei der T-Form nicht äquivalent gezeichnet werden dürfen. Auch für das Togni-Reagenz II zeigt sich eine ähnliche Situation und die verzerrte T-Form wird auch hier gefunden. Anders hier ist aber, dass durch den Austausch des Carbonylsauerstoffatoms aus Togni-Reagenz II durch zwei Methylgruppen des Togni-Reagenz I sich dessen Achse der 3c-

4e-Bindung aus der Ebene der Phenylgruppe um ca. 13° dreht. Darüber hinaus ist es interessant, die Auswirkungen der elektronischen Eigenschaften der Substituenten am Iodzentrum zu beobachten. Die elektronenziehende Carboxylatgruppe führt nämlich im Vergleich zu dem elektronenschiebende Alkoxysubstituenten des Togni-Reagenz I zu einer längeren I1-O1-Bindung und einer kürzeren I1-C8-Bindung.

Die Togni-Gruppe unternahm den Versuch, die Reaktivität der zwei hypervalenten auf Iod basierten Reagenzien mit ihrer Struktur in Beziehung zu setzen, um so neue Reagenzien zu entwickeln, die bei Trifluormethylierungsreaktionen eine bessere Selektivität hinsichtlich verschiedener Substrate zeigen. Aus diesem Grund wurde eine Reihe von 10-I-3-Trifluormethylierungsreagenzien synthetisiert. Zum Beispiel wurde der Versuch unternommen, die Seitenketten des Togni-Reagenz II mit verschiedenen Alkyl- und Phenylsubstituenten zu verändern. Nach vielen Untersuchungen konnte aber weder ein aussagekräftiger Zusammenhang zwischen der Reaktivität und den elektronischen Eigenschaften der Seitenkette noch zwischen der Reaktivität und den Bindungslängen erkannt werden. Fest steht lediglich, dass die Reaktivität immer nur für eine Substratklasse einheitlich definiert werden kann. Ein weiterer Ansatz, mit dem die Reaktivität von hypervalenten Trifluormethylierungsreagenzien auf Iodbasis anzupassen versucht wurde, ist die Modifizierung der elektronischen Eigenschaften des aromatischen Ringsystems. Es wurde die Hypothese aufgestellt, dass, wenn das hypervalente Iodzentrum einem größeren Elektronenmangel ausgesetzt wird, seine Neigung zu einer Reduktion erhöht wird und damit auch seine Reaktivität. Eine Möglichkeit, dies zu erreichen, ist die offensichtliche Einführung von elektronenziehenden Substituenten, wie beispielsweise eine Nitrogruppe in para-Position. Zwar zeigen einige Verbindungen tatsächlich eine erhöhte Reaktivität, allerdings kann dabei keine Bildung des gewünschten Trifluormethylierungs-Produkt beobachtet werden [2].

3.3 Synthese der beiden Togni-Reagenzien

Hypervalente Iodverbindungen haben die Fähigkeit, Atome und funktionelle Gruppen zu übertragen. Das Ziel der Togni-Gruppe war es, ein neues stabiles Reagenz mit einem λ^3-Iodkern herzustellen, das wie das Yagupolskii-Reagenz, welches für Perfluoralkylierungen genutzt wird, als CF_3-Quelle dienen soll. Erste Syntheseversuche zu dieser λ^3 I-CF_3-Verbindung verfolgten den Ansatz, ein Iod(III)-Fragment einer Trifluormethylierung auszusetzen, um so den Substituenten am Iod-Zentrum auszutauschen. Diese Methode war mit Sicht auf die Sicherheit und die Verfügbarkeit der Reagenzien günstig, schlug aber fehl - auch in Anwesenheit des kommerziell erhältlichen Rupert-Prakash-Reagenz einer Fluorid-Quelle konnte die Trifluormethylgruppe nicht erfolgreich in λ^3-Iod-basierte Substrate eingeführt werden. Es konnten mehrere Nebenprodukte beobachtet werden, vor allem CF₃I, was darauf hinwies, dass zwar eine Substitution des Liganden stattfand, die dann aber von dem Abbau des gewünschten Produkts gefolgt wurde.

Aus diesem Ergebnis wurde geschlussfolgert, dass ein anderes Rückgrat verwendet werden muss, die die Stabilität des Produkts erhöht. Es wurde demnach der Versuch unternommen, einen Vorläufer mit einem Kern auf Benziodoxolonbasis zu verwenden, da dessen Steifheit, die auf den zusätzlichen Fünfring zurückzuführen ist, die Stabilität der entstehenden CF_3-Verbindung erhöhen sollte. Und dieser Versuch gelang tatsächlich. Wurde zu Iodosylbenzoesäure als Substrat TMSCF₃ in Anwesenheit von katalytischen Mengen von Fluorid gegeben, konnte mithilfe von NMR-Spektroskopie die Bildung einer Verbindung nachgewiesen werden, die eine an das hypervalente Iodfragment gebundene CF_3-Gruppe enthielt [2].

Für die Synthese der λ^3-Iodan-Vorläufer der beiden Togni-Reagenzien wurden günstige und kommerziell erhältliche Chemikalien verwendet. Das Togni-Reagenz II wird nämlich ausgehend von o-Iodbenzoesäure synthetisiert, die mit NaIO₄ oxidiert wird. Es folgen zwei Ligandensubstitutionen mit Essigsäureanhydrid bzw. Methanol aufeinander, wodurch der Methoxy-λ^3-Iodan-Vorläufer entsteht. Abschließend kann in einer Ausbeute von 55% das entsprechende CF_3-Reagenz durch eine Substitution mit 1.5 Äquivalenten TMSCF3 und katalytischen Mengen an CsF hergestellt werden (Abb. 11).

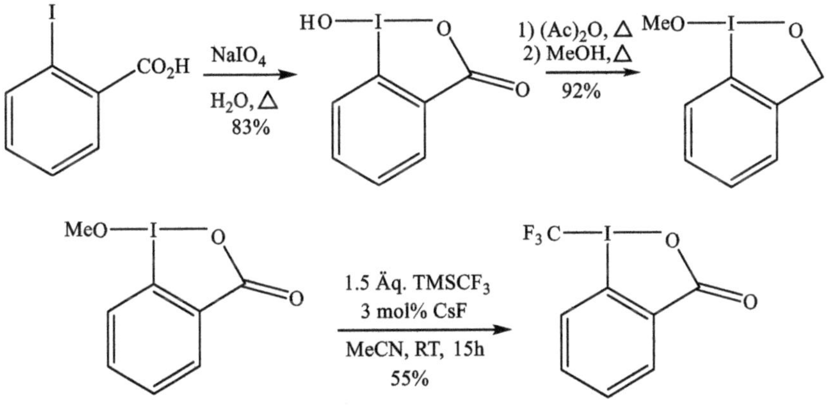

Abb. 11: Synthese von Togni-Reagenz II

Angeregt durch die Tatsache, dass Gerüste auf Benziodoxolbasis oft stabile λ^3-Iodan-Strukturen sind, wurden die Wege zum analogen Togni-Reagenz I für ähnliche Anwendungen untersucht. Die Abbildung 12 zeigt die Synthese des Togni-Reagenz I. Das dabei entstehende Intermediat stammt von Methyl-2-iodobenzoat, das durch Addition von Methylmagnesiumiodid und

14

folgender Oxidation des resultierenden Alkohols mit ᵗBuOCl gebildet wird. Mithilfe von Silberacetat wird das Chloro-λ³-Iodan quantitativ in das Acetoxy-λ³-Iodan überführt. Ausgehend davon kann erst jetzt ein Ligandenaustausch mitTMSCF₃ stattfinden, der das Togni-Reagenz I in einer Ausbeute von 46% hervorbringt. Um das Produkt zu reinigen und das nicht umgesetzte Acetoxyderivat und den Iodalkohol abzutrennen, wird das Rohprodukt in Pentan gelöst, über Alox filtriert und die entstehende klare Lösung eingedampft. Die Reste des Begleitproduktes TMSOAc werden durch das Trocknen des Feststoffes entfernt [18].

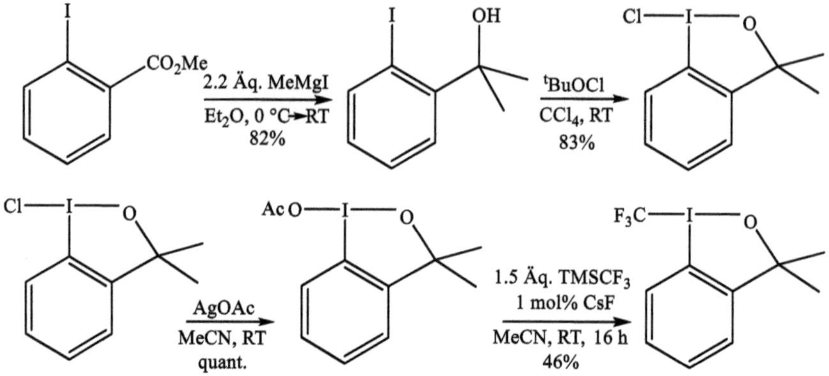

Abb. 12: Synthese von Togni-Reagenz I

Diese beiden Methoden zur Herstellung der Togni-Reagenzien konnten weiterentwickelt und nachhaltig optimiert werden. Für das Togni-Reagenz II konnte herausgefunden werden, dass die Substitution des Acetoxy- gegen den Methoxyliganden nicht notwendig ist und anstelle dessen das Acetoxy-λ³-Iodan mit 1.4 Äquivalenten TMSCF₃ direkt das CF₃-Reagenz bilden kann – und das sogar in einer größeren Ausbeute von 77%. Für die Reinigung wird in diesem Fall die Säulenchromatographie gewählt.

Auch der Syntheseweg für das Togni-Reagenz I konnte vor allem mit Blick auf die letzten Reaktionsschritte verbessert werden. AgOAc wird durch KOAc ausgetauscht, welches günstiger und lichtunempfindlicher ist und trotzdem die gleichen Ausbeuten liefert. Die Ausbeute im letzten Reaktionsschritt kann mithilfe der Anpassung der Reaktionstemperatur auf -14 bis -17°C deutlich gesteigert werden. Zudem kann die Katalysatormenge auf 0.2 Molprozent gesenkt werden, wenn anstatt von CsF TBAT als eine wasserfreie und lösliche F⁻-Quelle genutzt wird. Das hat zur Folge, dass weniger Nebenprodukte gebildet werden. Zuletzt ist auch die Isolierung des Acetoxyintermediats nicht mehr notwendig, sodass der letzte Reaktionsschritt im Eintopfverfahren durchgeführt werden kann. Das liefert das Togni-Reagenz in Ausbeuten von 89%. Um das Produkt analytisch rein zu erhalten, konnte zusätzlich zur oben beschriebenen

Reinigung eine Sublimation durchgeführt werden. Diese Schritte sind im Vergleich zu einer säulenchromatographischen Reinigung mit weniger Aufwand verbunden, sodass die Synthese des Togni-Reagenz I im größeren Maßstab möglich ist. Damit allerdings keine Reproduktionsschwierigkeiten auftreten, muss besonders auf wasserfreie Bedingungen und die Reaktionstemperatur während der Substitution geachtet werden. Sind doch Spuren von Wasser vorhanden oder geht auch nach mehreren Stunden die Trübung nicht zurück – das Acetoxyintermediat fällt als weißer Niederschlag aus - , muss eine größere Menge an TBAT zugegeben werden, was mit einer vermehrten Bildung von Nebenprodukten und entsprechenden Ausbeuteverlusten einhergeht [7].

Zusammenfassend sind mehrere günstige Synthesewege für den Zugang zu den beiden bekanntesten hypervalenten Iod-CF$_3$-Reagenzien entwickelt worden, um diese in großen Mengen für synthetische Anwendungen bereitzustellen [2].

3.4 Aktivierung

Die Trifluormethylierung von Acetylenen mithilfe der beiden Togni-Reagenzien wurde schon früh untersucht. Für diese Reaktion wird zunächst die Dreifachbindung des Phenylacetylen mithilfe von verschiedenen Metallsalzen aktiviert. Hierbei tritt allerdings das Problem auf, dass im Fall von Zn(OTf)$_2$ sich aus dem Togni-Reagenz II und dem Anion des Zinksalzes anstatt des angestrebten trifluormethylierten Acetylens Trifluormethyltriflat (TFMT) bildet. Weitere Experimente, in denen folglich mit den Substraten variiert wurde, lieferten anhand der Bildung von TFMT dann das Ergebnis, dass das Zink(II)-Kation eine entscheidende Rolle in diesen Reaktionen spielt. Auch bei der Trifluormethylierung von aliphatischen Alkoholen konnte die Lewis-Säure Zn(NTf$_2$)$_2$ die Reaktion aktivieren.

Da dementsprechend das Interesse an dem aktivierten Reagenz hoch war, untersuchte man die Trifluormethylierung aliphatischer Alkohole mit verschiedenen Methoden, wie beispielsweise der NMR-Spektroskopie. Dabei wurde immer spekuliert, dass die Aktivierung der beiden Togni-Reagenzien über eine Schwächung der I-O-Bindung stattfindet, da diese den Abgang der CF$_3$-Gruppe erleichtert. Und tatsächlich bestätigt die Untersuchung der Kristallstruktur eine eindeutige Verlängerung der Iod-Sauerstoff-Bindung in dem Zn(II)-Komplex und eine Verzerrung gegenüber der reaktiven Iodoniumspezies. Auf Grundlage weiterer Untersuchungen konnte ein plausibler Reaktionsmechanismus für die Trifluormethylierung von Alkoholen unter Zn(II)-Katalyse formuliert werden (Abb. 13). Togni-Reagenz II reagiert mit dem Zn(II)-Salz zu einem Carboxylat/Iodonium-Komplex. Bei der Koordination wird die I-O-Bindung geschwächt und der Liganden-Austausch mit dem Alkohol (ROH) wird erleichtert. Die anschließende reduktive Eliminierung bildet nach Deprotonierung den gewünschten Trifluormethylether. Die aktive Spezies wird durch einen Ligandenaustausch von 2-Iodobenzoesäure mit dem Togni-Reagenz II regeneriert.

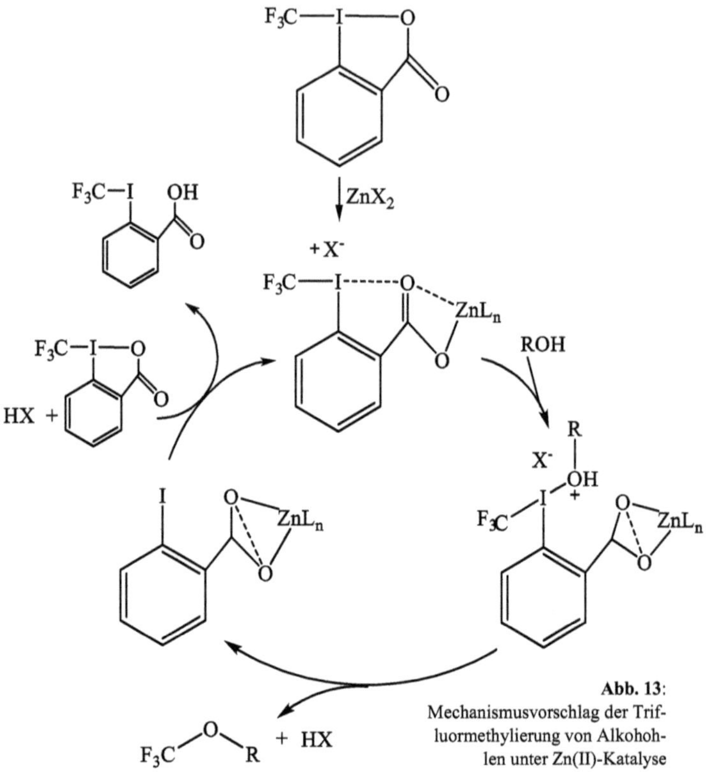

Abb. 13: Mechanismusvorschlag der Trifluormethylierung von Alkoholen unter Zn(II)-Katalyse

Auch das Togni-Reagenz I reagiert mit Sulfonsäure auf die gleiche Weise, allerdings etwas langsamer. Überraschend ist aber, dass die Reaktionsgeschwindigkeit unabhängig von der Konzentration des Togni-Reagenz I ist, wohingegen der Mechanismus mit dem Togni-Reagenz II erster Ordnung abhängig von der Konzentration des Togni-Reagenz II ist. Das Togni-Reagenz zeigt mit Sulfonsäure eine Reaktion erster Ordnung in Abhängigkeit von der Konzentration von $H2^+$. Diese Beobachtung legt nahe, dass das Togni-Reagenz I unter den Reaktionsbedingungen in ein stabiles Zwischenprodukt umgewandelt wird. Es kann die Bildung von einer gut definierten monoprotonierten Form des Reagenz beobachtet werden. Die I-O-Bindungslänge in den zwei nicht äquivalenten Molekülen von 2 im Salz sind eindeutig länger als die unprotonierte Form der Reagenz.

Als der Versuch unternommen wurde, CF3-Derivate von Methyltrioxorhenium (MeReO3, MTO) zu synthetisieren, fand man heraus, dass die beiden Togni-Reagenzien in der Lage sind,

Benzol und andere aromatische Substrate in Gegenwart von MTO zu trifluormethylieren. Basierend auf gründlichen Untersuchungen wurde eine plausibler Reaktionsmechanismus für die Trifluormethylierung von Arenen vorgeschlagen. Im ersten Schritt wird das Togni-Reagenz II durch MTO über die Koordination des Metallzentrums an die Carboxylgruppe aktiviert, wie es schon für Zn(II) gezeigt wurde. Die aktivierte Spezies kann über einen möglichen Ein-Elektronen-Transfer (SET) mit dem Substrat ein CF₃-Radikal bilden, was zu der Bildung des radikalischen Zwischenprodukts führt. Dieses erste Zwischenprodukt wird dann vom Togni-Reagenz II deprotoniert, um so das Produkt und das reaktive Zwischenprodukt zu bilden, das schnell durch den Transfer des CF₃-Radikals auf das Substrat verbraucht wird und so den Kreis schließt.

Weitere Untersuchungen ergaben, dass das Togni-Reagenz II auch durch starke Brönsted-Säuren aktiviert werden kann [2].

4 Anwendungen in der organischen Synthese

4.1 Reaktionen mit Heteroatomen

4.1.1 Schwefel-Nukleophile

Thiole stellen für den CF₃-Transfer mithilfe der elektrophilen λ^3-I-CF₃-Reagenzien als passendes Nukleophil die idealen Substrate dar. Die Thiole können zusammen mit dem Togni-Reagenz I über eine sehr milde und praktikable Methode zu den entsprechenden Trifluormethylthioethern umgewandelt werden (Abb. 14) [7]. Die Thiole zählen zu den ersten Nukleophilen, die einer direkten elektrophilen Trifluormethylierung mit den beiden Togni-Reagenzien ausgesetzt wurden.

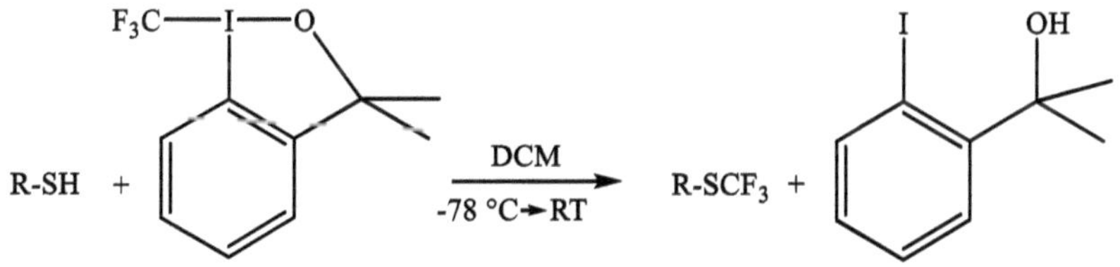

Abb. 14: Trifluormethylierung von Thiolen

Der Syntheseweg ist mit zahlreichen Thiolen kompatibel, weil er sehr tolerant gegenüber anderer funktioneller Gruppen ist. Amine, Amide, Carbonsäuren, Thioacetale, Alkohole und Alkine stören die Bildung des Trifluormethylthioethers nicht, was deutlich macht, dass es möglich ist, die SCF₃-Gruppe in späten Synthesestufen zu bilden. Viele aromatische und aliphatische

Mercaptane wurden so in guten Ausbeuten trifluormethyliert. Auch biologisch relevante Verbindungen wie Thiopyranose und Cystein konnten schon trifluormethyliert werden. Die Trifluormethylierung von Thiolen verläuft auch bei niedrigen Temperaturen sehr schnell, sodass normalerweise keine konkurrierenden Nebenreaktionen beobachtet werden können [2].

Für die Synthese von SCF$_3$-Fragmenten wurden mehrere Synthesemöglichkeiten entwickelt, die in vier Kategorien untergliedert werden können: die direkte Übertragung einer CF$_3$-Einheit, die radikalische, die nukleophile und die elektrophile Trifluormethylierung von schwefelhaltigen Verbindungen.

Schon erste Versuche ließen darauf schließen, dass sich das Togni-Reagenz I sehr reaktiv gegenüber Thiolen zeigt. Bei erfolgreicher Trifluormethylierung wird dann neben dem gewünschten Trifluormethylthioether ebenfalls ein entsprechendes Disulfid in einem Verhältnis von 2:1 gebildet. Auch bei der Verwendung des Togni-Reagenz II ist das Hauptprodukt das Disulfid. Die Thiole können dabei ohne Vorbehandlung als Startmaterial genutzt werden, da bei dem CF$_3$-Transfer eine Base von dem Togni-Reagenz I freigesetzt wird, die das Thiol deprotonieren kann. Für gute Ausbeuten muss allerdings auf eine möglichst geringe Bildung der Disulfide geachtet werden, da sie nur schwer von dem gewünschten Produkt zu trennen sind. Da die Reaktion exotherm verläuft, gelingt die (fast) vollständige Unterdrückung der Disulfidbildung, wenn man bei tieferen Temperaturen um die -78 °C arbeitet. Aufgrund dieser Temperaturen ist Wasser als Lösungsmittel ungeeignet. Abgesehen davon ist die Reaktion relativ unabhängig vom verwendeten Lösungsmittel, solange sich die entsprechenden Substrate gut darin lösen [7].

Eine der ersten praktikablen Anwendungen besteht darin, Cysteinseitenketten von α- und β-Peptiden und von der reduzierten ringgeöffneten Form des Arzneimittels Octreotid zu trifluormethylieren. In dem Fall von Octreotid können drei Produkte in unterschiedlichen Verhältnissen abhängig von den Reaktionsbedingungen isoliert werden. Die drei Derivate unterscheiden sich dabei in der Anzahl der CF$_3$- bzw. SCF$_3$-Gruppen.

2010 wurde die Entschützungsrate von Thiophosphatgruppen in Oligonukleotid-Prodrugs untersucht. Einer der getesteten Schutzgruppen war 4-(Trifluormethylthio)but-1-yl, das aus 4-Mercaptobutanol synthetisiert wird. Diese Verbindung wurde mithilfe des Togni-Reagenz I trifluormethyliert. Nach einer Oxidation, Entschützung und Reinigung, wurde die Entfernung der Schutzgruppe von 28 unter thermolytischen Bedingungen untersucht. Die Spaltung der 4-(trifluormethylthio)but-1-yl-Einheit dauert bei 90 °C mehr als einen Tag. Diese Tatsache ist auf die starke elektronenziehende Eigenschaft der Trifluormethylgruppe zurückzuführen, die letztendlich zu dem Schluss führt, dass diese Gruppe als Schutzgruppe für Phosphoramidite nicht geeignet ist [2].

4.1.2 Phosphor-Nukleophile

Nach den Thiolen waren primäre und sekundäre Phosphine die zweite Art von Heteroatomak-zeptoren, die unter der Verwendung der beiden Togni-Reagenzien trifluormethyliert wurden. Da schon Thiole eine hohe Affinität zum Togni-Reagenz I zeigten, lag es auf der Hand, auch die im Periodensystem benachbarten Phosphor-Nukleophile diesbezüglich zu untersuchen. (Trifluormethyl)phosphine bieten den Vorteil, dass die elektronischen und sterischen Eigen-schaften ihrer Liganden einfach modifiziert werden können – und trotzdem finden sie eher sel-ten Anwendung [7].

Die elektronischen Eigenschaften des Phosphor-Atoms eines trifluormethylierten Phosphins verändern sich in Abhängigkeit von der Anzahl der Trifluormethylgruppen- mit jedem zusätz-lichen CF_3-Fragment nimmt sowohl der σ-spendenden als auch die π-akzeptierenden Eigen-schaften deutlich zu. Die mono- oder bistrifluormethylierten Phosphine haben zudem eine an-dere räumliche Ausdehnung, wenn man sie mit traditionelleren tertiären Phosphinen vergleicht [2].

Dass die (Trifluormethyl)phosphine so wenig Anwendung finden, liegt allem voran auch an dem Mangel an labortauglichen Synthesemöglichkeiten. Wenn eine CF_3-Einheit übertragen wird, wird in diesem Zusammenhang von einem radikalischen mithilfe von CF_3I oder einem nukleophilen Reaktionsmechanismus mit $TMSCF_3$ ausgegangen. Zwar sind unter einer nukle-ophilen Trifluormethylierung die Reaktionsbedingungen und auch die Ausbeuten besser, aller-dings sind hierfür auch spezielle Phosphin-Vorläufer notwendig, die so nicht kommerziell er-hältlich sind.

Aufgrund der bisherigen Ähnlichkeiten zu den Thiolen, wurde angenommen, dass das Togni-Reagenz I die P-H-Einheit durch einen elektrophilen Transfer einer CF_3-Gruppe in eine P-CF_3-Einheit überführen kann. Und diese Annahme konnte bestätigt werden. Mit Bezug auf die Her-stellung der Trifluormethylthioether, werden sekundäre Phosphine in entgastem DCM bei -78°C mit äquimolaren Mengen des Togni-Reagenz I zur Reaktion gebracht (Abb. 15). Das ent-stehende trifluormethylierte Produkt wird aufgrund der geringen Mengen säulenchromatogra-phisch gereinigt. Diese Methode führt allerdings einen eindeutigen Ausbeuteverlust herbei.

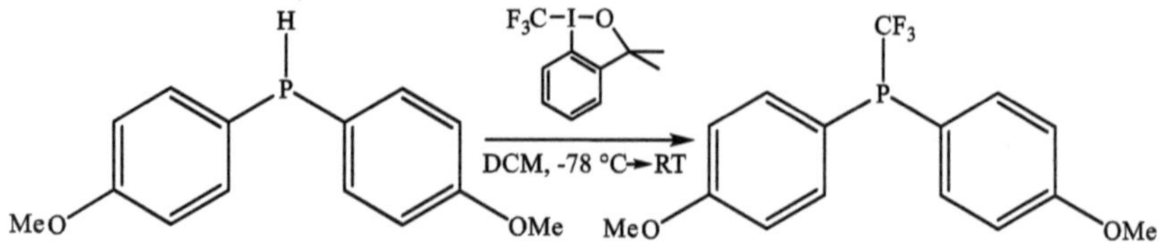

Abb. 15: Trifluormethylierung von Phosphinen

Die Anwendung derselben Reaktionsbedingungen auf primäre Phosphine führte nicht zur gewünschten Trifluormethylierung, sondern größtenteils zu Zersetzungsprodukten. Bei der Verwendung des Togni-Reagenz II war die Trifluormethylierung von Phenyl- bzw. Cyclohexylphosphinen dann aber hinsichtlich einer Mono-Trifluormethylierung doch erfolgreich [7].

4.1.3 Weitere Nukleophile

Methoden zur Einführung einer Trifluormethoxygruppe in ein Molekül durch die Umwandlung funktioneller Gruppen erfordern oft schwierige Reaktionsbedingungen und gefährliche Reagenzien. Daher wird die Synthese von komplexen organischen Molekülen, die OCF_3-Substituenten enthalten, auf bereits verfügbare Reagenzien aufgebaut. Umemoto berichtete das erste Mal von einer direkten elektrophilen Trifluormethylierung von aromatischen und auch aliphatischen Alkoholen unter Verwendung eines O-(Trifluormethyl)dibenzofuransalzes. Diese Methode ist allerdings beispielsweise aufgrund der Instabilität eher ungünstig, sodass weiterhin nach anderen Möglichkeiten zur Trifluormethylierung von Sauerstoffnukleophilen gesucht wird.

Bei der Untersuchung der Trifluormethylierung von Heteroarenen, wurde bei der Umsetzung eines Azols mit dem Togni-Reagenz I in Acetonitril eine Ritter-Reaktion beobachtet. Die neuen Derivate sind stabile, oft kristalline Materialien, die eine ziemlich einzigartige funktionelle Gruppe besitzen. Als Nebenprodukt dieser Reaktion konnte auch die Verbindung abgeleitet von der Trifluormethylierung des Stickstoffnukleophils gefunden werden. Die Lösung für eine selektive direkte N-trifluormethylierung besteht aus einer in-situ Silylierung des Substrats, gefolgt von einer säurekatalysierten Reaktion mit dem Togni-Reagenz I. Diese Bedingungen wurden auf eine Vielzahl substituierter Azole angewendet [2].

4.2 Reaktionen mit Kohlenstoffnukleophilen

Nicht nur die Schwefel- und Phosphor-Nukleophile sind bedeutend im Zusammenhang mit Trifluormethylierungen, sondern auch Kohlenstoff-Nukleophilen wird große Aufmerksamkeit geschenkt. Die C-C-Bindung, die dabei geknüpft wird, ist nicht mit der alltäglichen Form vergleichbar [19]. Eine der ersten Trifluormethylierungen unter der Verwendung des Togni-

Reagenz I war die von β-Ketoestern unter Phasentransfer-Katalyse. Diese Reaktion verläuft nur für fünf- oder sechs-gliedrige zyklische Substrate und erfordert dabei einen großen Basenüberschuss für die Deprotonierung an der α-Position.

Genauso wie β-Ketoester besitzen auch α-Nitroester aufgrund der elektronenziehenden Eigenschaften der Nitrogruppe eine leicht enolisierbare Position am α-Kohlenstoff. Deswegen verläuft die Trifluormethylierung dieser Verbindungsart ebenfalls auf eine ähnliche Art und Weise. Die Reaktion funktioniert allerdings nur unter Cu(I)-Katalyse mithilfe von Kupfer(I)chlorid und wurde folglich der Vorläufer für viele kupferkatalysierte Trifluormethylierungen von Kohlenstoffzentren unter Verwendung der beiden Togni-Reagenzien [2]. Im Gegensatz dazu erwiesen sich harte Kohlenstoffnukleophile wie Lithium- oder Magnesium-Organyle als ungeeignet für die Anwendung der beiden Togni-Reagenzien [7].

Bei dem Versuch, ein α-Nitroester mit dem Togni-Reagenz I – die Trifluormethylierung von α-Nitroestern mit dem Togni-Reagenz II oder dem Umemoto-Reagenz ist grundsätzlich kaum möglich - ohne Anwesenheit eines Kupfersalzes zu trifluormethylieren, konnte zunächst keine Umsetzung festgestellt werden. Auch das Erhitzen der Lösung brachte lediglich Zersetzungsprodukte hervor. Nachdem weitere Untersuchungen nach den idealen Reaktionsbedingungen gemacht wurden, fand man heraus, dass mit mit 1.5 Äq. vom Togni-Reagenz I und 20 mol% Kupferchlorid in DCM nach 17 Stunden bei Raumtemperatur die selektive Bildung des trifluormethylierten Nitroester und Iodoalkohol beobachtet werden konnte (Abbildung 16). Die Ausbeute belief sich dabei trotz vollständiger Umsetzung allerdings nur auf 31%, was darauf zurückzuführen ist, dass das Produkt sehr flüchtig ist und sich so dessen Isolierung schwierig gestaltete. Trotzdem wird diese Reaktion nachfolgend als Modellreaktion gewählt, weil zum einen mithilfe von NMR-Spektroskopie die Umsetzung und die Bildung des Produktes konkret beobachtet werden kann und zum anderen kein anderes Reaktionszentrum, das trifluormethyliert werden könnte, am Substrat zu finden ist.

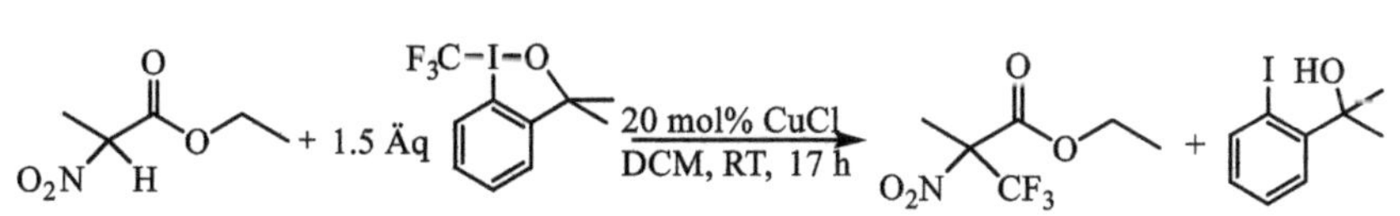

Abb. 16: Trifluormethylierung von α-Nitropropionsäureethylester

Hinsichtlich der Katalyse dieser Reaktion durch Metalle stand vor allem der Einfluss von Kupfer(I)chlorid im Vordergrund. Es wurden viele verschiedene (nicht kupferhaltige) Metallsalze, vor allem Metalle mit Einelektronen-Redoxverhalten, und auch Lewis-Säuren hinsichtlich ihres aktivierenden Effekts untersucht, allerdings konnte keine (große) Wirkung festgestellt werden.

Nur das Kupfer(I)- und Kupfer(II)chlorid zeigten eine vergleichbaren aktivierenden Effekt. Daraus wurde geschlussfolgert, dass die eigentlich aktive Spezies das Cu(II) ist und das Cu(I) von der hypervalenten Iod-Verbindung oxidiert wurde. Bei der Reaktion mit diesen tritt unmittelbar nach der Zugabe des Kupfers eine dunkelgrün-violette Färbung auf, sodass weitere Versuche mit Kupfersalzen unternommen wurden. Diese zeigten, dass auch Kupferbromid und -iodid für die Reaktion mit CF$_3$-Reagenzien aktivierend wirken (Abb. 17). Das führt zu dem Schluss – da die Verfärbung bei den Reaktionen der anderen Metallsalze nicht beobachtet werden konnte - , dass die Bildung der Trifluormethylhalogeniden kupferspezifisch ist. Zudem wird vermutet, dass diese eine einleitende Teilreaktion der Trifluormethylierung der Nitroester ist.

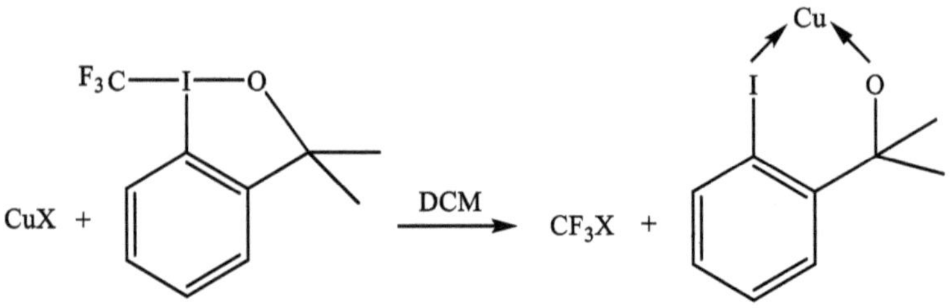

Abb. 17: Reaktion vom Togni-Reagenz I mit Kuperhalogenid

Untersuchungen zum passenden Lösungsmittel zeigten, dass die Trifluormethylierung in Dichlormethan die größten Ausbeuten lieferte. Zwar läuft die Reaktion auch in anderen Lösungsmitteln ab, aber eben mit entsprechenden Einbußen bei der Ausbeute. Im Zusammenhang damit wird als Kupferquelle Kupfer(I)bromid-Dimethylsulfid-Komplex gewählt, da er zum einen in DCM besser löslich ist als das Kupfer(I)- und Kupfer(II)chlorid und da zum anderen Cu(I)-Cu(II)-Salzen generell vorgezogen werden, weil mit ihnen weniger Trifluormethylierungsreagenz reagiert und demnach auch weniger davon benötigt wird.

Die Trifluormethylierung von sowohl β-Keto- als auch α-Nitroestern ist bezüglich des Mechanismus noch nicht ganz aufgeklärt. Derzeit ist noch nicht bekannt, ob die Enol- oder die Enolatform des Substrats die aktive Spezies, entweder als Nukleophil oder als Akzeptor eines CF$_3$-Radikal, ist [2]. Deswegen können hinsichtlich des Mechanismus der Reaktion von CuX und dem Togni-Reagenz I nur Vermutungen aufgestellt werden. Es sind zwei Varianten denkbar. In Variante A könnte Kupfer formal in die I-CF$_3$-Bindung eingeführt werden und folgend CF$_3$X reduktiv eliminieren. In Variante B könnte das Kupfer auch an den Sauerstoff koordinieren und anschließend würde das Halogenid auf das Iod-Atom übertragen werden – anders gesagt, ein Ligandenaustausch gefolgt von einer reduktiven Eliminierung bzw. einer so genannten Liganden-Kopplungs-Reaktion. Für Variante B spricht, dass die gleiche Reaktion der Variante A mit dem Togni-Reagenz II nicht abläuft. In Variante B hingegen könnte der Carbonyl-Sauerstoff des Togni-Reagenz II an das Kupfer koordinieren, wodurch es möglicherweise ausreichend aktiviert wird (Abb. 18) [7].

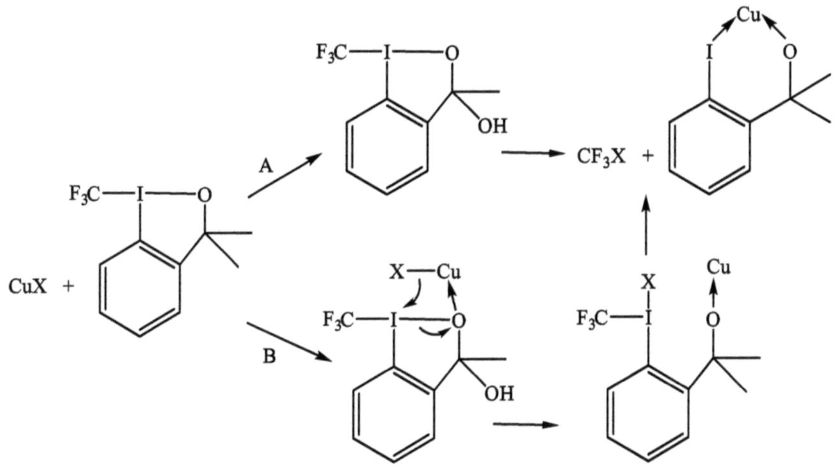

Abb. 18: Mechanismusvorschlag zur Reaktion von Togni-Reagenz I mit CuX

Ein konkreter Reaktionsmechanismus basierend auf entsprechenden experimentellen Beobachtungen wurde für die Trifluormethylierung von Phenolen vorgestellt. Bei der Reaktion des Togni-Reagenz II mit Phenol könnte nach einem Ligandenaustausch ein Rückangriff des Carboxylats stattfindet. Dadurch wird CF_3^- freigesetzt, welches darauf nicht nur den Aromaten sondern auch den Sauerstoff des stark aktivierten Intermediats nukleophil angreifen kann [20]. Möchte man diesen Mechanismus auf α-Nitroester anwenden, ist das Ablaufen des Eliminierungsschrittes allerdings eher unwahrscheinlich. Der Grund hierfür ist, dass das Alkoholat durch die Koordination am Cu deaktiviert ist. Außerdem verfügt das Togni-Reagenz II über keine Heteroatom-Liganden, die als gute Abgangsgruppen dienen könnten, sodass eine nucleophile Substitution auch nicht in Frage kommt [21].

5 Fazit

Zusammenfassend lässt sich sagen, dass diese Arbeit gezeigt hat, wie umfassend das Thema rund um hypervalente Iodverbindungen und elektrophile Trifluormethylierung ist und es wird anhand der vielen vorgestellten Untersuchungen und Ergebnisse deutlich, wie groß das Interesse an diesem speziellen Forschungsgegenstand ist. Es wird gezeigt, welche Effekte der Atomradius, die Elektronegativität und relative Bindungsstärke des Fluors auf CF_3-substituierte

Verbindungen hat, die Fluorierungs-, Bausteinmethode und die direkte Trifluormethylierung sind überblickend erklärt und die Wichtigkeit der CF₃-Reagenzien für die Pharmazeutik und Agrochemie dargelegt. Es sind die wichtigsten Punkte zu hypervalente I-CF₃-Reagenzien bekannt und ihre Fähigkeit als CF₃-Transferreagenzien kann erklärt werden. Im Zusammenhang damit kennt man nun die beiden Togni-Reagenzien I und II, ihre Synthesewege und Aktivierung. Zudem ist man in der Lage, Beispiele für die Anwendung der beiden Togni-Reagenzien bzw. Reaktionen von ihnen mit verschiedenen Nukleophilen darzulegen.

Allerdings gibt es auch immer noch viele Mechanismen, die noch nicht vollständig aufgeklärt sind. Deswegen und natürlich auch aufgrund der Wichtigkeit und zahlreichen Anwendungsmöglichkeiten von trifluormethylierten Verbindungen, wird das Interesse an hypervalenten Iodverbindungen in elektrophilen Trifluormethylierungen wohl in den nächsten Jahren weiter zu nehmen und sich die Forschung diesbezüglich stetig weiterentwickeln.

6 Literatur

[1] Kirsch, P. (2013). Modern fluoroorganic chemistry. Synthesis, reactivity, applications, 2. Aufl. Wiley-VCH, Weinheim.

[2] Charpentier, J., Früh, N., Togni, A. (2015). Electrophilic trifluoromethylation by use of hypervalent iodine reagents. Chemical reviews 115/2, 650–682.

[3] O'Hagan, D. (2008). Understanding organofluorine chemistry. An introduction to the C-F bond. Chemical Society reviews 37/2, 308–319.

[4] McEvoy, F. J., Greenblatt, E. N., Osterberg, A. C., Allen, G. R. (1968). 7-trifluoromethoxy and 7-trifluoromethylthio derivatives of 1,4-benzodiazepines. Journal of medicinal chemistry 11/6, 1248–1250.

[5] Dunitz, J. D. (2004). Organic fluorine: odd man out. Chembiochem : a European journal of chemical biology 5/5, 614–621.

[6] Hansch, C., Rockwell, S. D., Jow, P. Y., Leo, A., Steller, E. E. (1977). Substituent constants for correlation analysis. Journal of medicinal chemistry 20/2, 304–306.

[7] Kieltsch, I. (2008). Elektrophile Trifluormethylierung: Anwendung von hypervalenten Iodverbindungen. ETH Zurich.

[8] McClinton, M. A., McClinton, D. A. (1992). Trifluoromethylations and related reactions in organic chemistry. Tetrahedron 48/32, 6555–6666.

[9] Furuta, S., Kuroboshi, M., Hiyama, T. (1999). A Facile Synthesis of Trifluoromethyl- and 3,3,3-Trifluoropropenyl-Substituted Aromatic Compounds by the Oxidative Desulfurization-Fluorination of the Corresponding Carbodithioates. BCSJ 72/4, 805–819.

[10] Uneyama, K., Katagiri, T., Amii, H. (2008). Alpha-trifluoromethylated carbanion synthons. Accounts of chemical research 41/7, 817–829.

[11] Billard, T., Langlois, B. R. (2007). How to Reach Stereogenic Trifluoromethylated Carbon? En Route to the "Grail" of the Asymmetric Trifluoromethylation Reaction. Eur. J. Org. Chem. 2007/6, 891–897.

[12] Ruppert, I., Schlich, K., Volbach, W. (1984). Die ersten CF3-substituierten organyl(chlor)silane. Tetrahedron Letters 25/21, 2195–2198.

[13] Prakash, G. K. S., Hu, J., Olah, G. A. (2003). Preparation of tri- and difluoromethylsilanes via an unusual magnesium metal-mediated reductive tri- and difluoromethylation of chlorosilanes using tri- and difluoromethyl sulfides, sulfoxides, and sulfones. The Journal of organic chemistry 68/11, 4457–4463.

[14] Isanbor, C., O'Hagan, D. (2006). Fluorine in medicinal chemistry: A review of anti-cancer agents. Journal of Fluorine Chemistry 127/3, 303–319.

[15] Perkins, C. W., Martin, J. C., Arduengo, A. J., Lau, W., Alegria, A., Kochi, J. K. (1980). An electrically neutral .sigma.-sulfuranyl radical from the homolysis of a perester with neighboring sulfenyl sulfur: 9-S-3 species. J. Am. Chem. Soc. 102/26, 7753–7759.

[16]   Yadav, D. (2010). Togni Reagent: A Hypervalent Iodine Based Electrophilic Trifluo-romethylation Reagent. Synlett **2010**/16, 2523–2524.

[17]   1-(Trifluormethyl)-1,2-benziodoxol-3(1H)-on (2020). https://de.wikipedia.org/wiki/1-(Trifluormethyl)-1,2-benziodoxol-3(1H)-on (letzter Zugriff am 5.8.2020).

[18]   Amey, R. L., Martin, J. C. (1979). Synthesis and reaction of substituted arylalkoxyio-dinanes: formation of stable bromoarylalkoxy and aryldialkoxy heterocyclic derivatives of tricoordinate organoiodine(III). J. Org. Chem. **44**/11, 1779–1784.

[19]   Eisenberger, P. (2007). The development of new hypervalent iodine reagents for electrophilic trifluoromethylation. ETH Zurich.

[20]   Stanek, K., Koller, R., Togni, A. (2008). Reactivity of a 10-I-3 hypervalent iodine trif-luoromethylation reagent with phenols. J. Org. Chem. **73**/19, 7678–7685.

[21]   Wirth, T. (2003). Hypervalent iodine chemistry. Modern developments in organic syn-thesis. Springer, Berlin.

Alle Abbildung wurden selbst erstellt.